本书由国家林业和草原局林草调查规划院负责实施的 UNDP-GEF“加强中国东南沿海海洋保护地管理，保护具有全球重要意义的沿海生物多样性”项目支持

中华白海豚科普故事

白海豚的神秘来信

编著　彭　耐　鄢默澍　袁　军　孙玉露　王一博　张梦然
绘图　梁伯乔　施倩倩

1

中国林業出版社
CFPH China Forestry Publishing House

主要角色

目录

豚博士的中华白海豚语言翻译机 1

1. 神秘“诅咒” 5

2. 遭遇偷鱼贼 13

3. 畅游海洋的大表哥 19

4. 危险的“水母” 25

5. 伤害与救援 31

6. 朋友圈憋气大赛 38

7. 江江的大家族 43

豚博士的中华白海豚语言翻译机

一个炎热的午后，中华白海豚研究实验室里，突然传来了一阵爽朗的笑声：

“哈哈，科科，我终于研制出了‘中华白海豚语言翻译机’，以后我们就能听懂白海豚说的话啦！”

实验室里的豚博士此刻完全没有了往日的沉稳，兴奋地摆弄着一台样子非常奇怪的机器。在这台机器上方，有一个大大的喇叭，中间是一个黑箱子，前端有一块显示屏，正在不停地显示出一句句对话。

“我发现了一个美丽的珊瑚礁，海葵妹妹，明天我们一起去看看吧……”

“那条大鲨鱼又来了，还想抢我们的鱼啊！”

“这海底的垃圾瓶子怎么越来越多啦！捡完一个又一个，捡完这个捡那个，哎，清洁工作越来越不好干喽……”

一旁的男孩科科瞪大了眼睛，看着屏幕，吃惊地问：“豚博士，这些话都是白海豚说的吗？”

豚博士得意地扶了扶眼镜，自豪地说：“当然啦，以后，我们就能和白海豚交流了。”

好一会儿，科科才从震惊中回过神来，激动地说：“我小时候看过一个童话故事，说有个小男孩，在海边捡到了一块神秘宝石，从此获得了和海洋动物对话的能力，他也因此交了很多海洋动物朋友，有只小海豚还经常驮着他在海里冲浪，可把我羡慕坏了。”

科科的目光转向了仪器中间部分——神秘的黑箱子，好奇地问：“豚博士，你是找到了那块神秘宝石吗？”

“不，不，不。”豚博士摇了摇头，“我可没有神秘宝

石，我用的是科学技术，而且是最前沿的人工智能技术。”

豚博士接着解释说：“我建立了一个复杂的中华白海豚声音数据库，并且使用人工智能算法，让它能不断地自我学习和改进。一开始，它还只能翻译简单的中华白海豚声波，也就是单独的词语，但随着我们收集的数据越来越多，机器不断地学习，终于，它能翻译出中华白海豚声波的整个句子了。”

“那翻译机能把我的话翻译成中华白海豚的声波，让中华白海豚听到吗？”

“当然能啦！看到它的大喇叭了吗？只要在屏幕上打出你想说的话，黑箱子就会把你的话翻译成中华白海豚的声波，再通过大喇叭发送出去。”

“那我是不是就可以给中华白海豚写信了？”科科脑子里突然冒出个想法。

“写信？这倒是个好主意。”豚博士点点头，立马表示赞同。

于是，豚博士和科科一起，写下了给中华白海豚的第一封信。

中华白海豚朋友们：

大家好，我们是白海豚保护区的豚博士和科科，希望能和大家成为好朋友，一起守护这片古老而又神秘的海洋。

长长的“嗡嗡”声后，翻译机通过大喇叭把信的内容传到了海洋里……

我们的故事也正式开始啦。

1. 神秘“诅咒”

豚博士：

您好！

我是生活在大海里的一只中华白海豚，听朋友们说，您是一位热心的海洋生物专家，帮助过很多遇到困难的海洋生物，希望您也能帮帮我。

先自我介绍一下，我的名字叫江江。最近一段时间，我的皮肤发生了奇怪的变化：先是胸口出现了很多浅灰色的斑，又慢慢扩散到了背上，现在肚子上也有了，这可把我吓坏了，我是不是中了什么神秘“诅咒”呀？

事情要从那次“沉船探险”说起。

有一天，我的朋友——灰星鲨威威，兴冲冲地跑来找我，说他发现了一艘神秘的沉船，里面肯定有珍贵的宝物，便邀请我一起去探险。

威威虽然是鲨鱼大家族中体型较小的，但他的梦想却很大——他想“称霸海洋”，所以他一直很喜欢去暗礁、沉船、海底洞穴这样的地方探险。而我就不一样了，我最喜欢吃，最好上午吃大黄鱼，下午吃小黄鱼，晚上再追成群的小银鱼，要是还有圆圆的球玩就更好了。

“好朋友！”

“不去！”

“帮——帮——忙——嘛！”

“不去！”

“男子汉就该去冒险！”

“不去！”

“青春的热血燃烧起来！”

“不……去？”

经不住威威的一再请求，我还是跟着威威一起来到了他说的探险地——一艘沉船。

这艘沉船在一块很大的黑礁石边上，船体长满了密密麻麻的海藻。还有几群叫不出名字的小鱼，围绕着船身游来游去，看到我们后，“嗖”的一下就逃得无影无踪了。

船身不大，我们从一扇窗户游进去，仔细找了一圈，没多久便发现了一个小木箱，威威兴奋极了，觉得箱子里肯定有不得了的宝物。

“这箱子里的会不会是‘海王的鱼叉’？看来，我称霸海洋的目标马上就要实现了，哈哈哈，我来打开它。”

可能是被海水浸泡的时间太久了，木箱很脆，被威威的尾巴一扫就碎了，碎木屑散开后，慢慢显露出一个透明的小球。

“什么嘛，居然只是这么一个小球。”威威一下子没了兴趣，这个小球既不会闪闪发光，也没有漂亮的图案，真是普通得不能再普通了，但我一看到就很喜欢，马上就想把小球要过来。

威威大方地说：“这个球送你了！”

在接下来的一个月，我和我那同年同月出生的同族妹妹萌萌一起，每天玩传球游戏，非常开心。

- 江江 -

- 萌萌 -

但很快，可怕的事情发生了，我和萌萌身上开始出现斑点，虽然不疼不痒，也没有任何不舒服，但现在有越长越多的趋势。我和萌萌原本是深灰色的中华白海豚，我们的妈妈、阿姨和奶奶，都是肉粉粉的，也没有斑点。时间一天天过去，这些奇怪的变化一直没有消失，我和萌萌害怕极了，我感觉自己闯了大祸，也不敢和妈妈、阿姨说。

我去和威威商量这件奇怪的事情，威威觉得这些变化可能是这颗球引起的。威威听说过很多探险故事，故事里的宝藏中常含有一种叫“诅咒”的东西，会使长期接触宝藏的生物患上怪病，他怀疑我们从海底沉船找到的这颗球上也有这种神秘“诅咒”。

现在，我已经把球藏起来不敢再玩了，可我舍不得扔掉它。豚博士，我和萌萌真的是中了神秘“诅咒”吗?

非常非常期待您的回信。

祝您生活愉快!

害怕的江江和萌萌

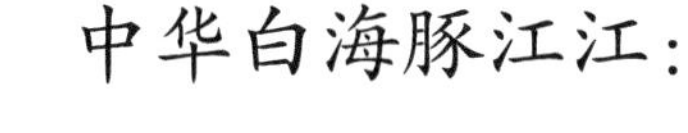

中华白海豚江江:

你好啊!

看了你的来信，我也好想去沉船探险寻宝。

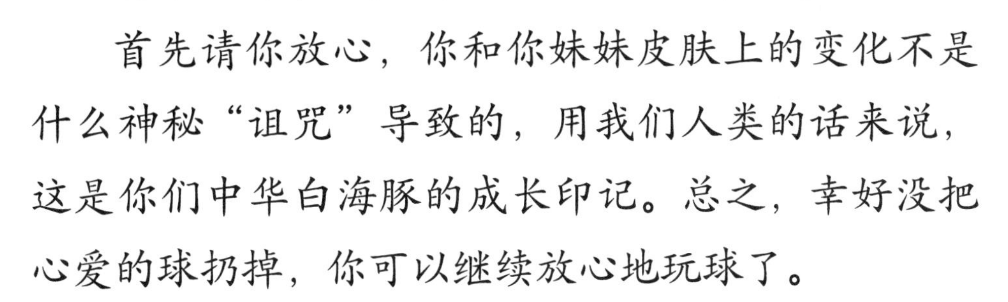

首先请你放心，你和你妹妹皮肤上的变化不是什么神秘“诅咒”导致的，用我们人类的话来说，这是你们中华白海豚的成长印记。总之，幸好没把心爱的球扔掉，你可以继续放心地玩球了。

自我介绍一下，我不是豚博士，而是豚博士的学生科科，目前在江门中华白海豚省级自然保护区学习和做研究。博士最近外出考察了，所以他的信

件都由我负责整理。博士的信件大多讨论的都是深奥的专业问题，我有时看得直犯困。没想到今天能和一只中华白海豚通信，这可太带劲儿了！更高兴的是，让你们担心的问题，我正好知道答案：你和萌萌皮肤上的变化，是中华白海豚成长过程中的正常现象。

豚博士曾带我认识保护区里各年龄段的中华白海豚，它们之间最明显的区别就是肤色和斑点的不同。

刚出生时，中华白海豚的皮肤是铅灰色的，随着年龄的增长，皮肤颜色会慢慢地变浅，还会出现少量斑点，再过一段时间，大量斑点将布满全身。也就是你现在的情况，你可以回忆一下皮肤的变化，是不是这样一个过程？

另外告诉你一个秘密哦！你们皮肤上的斑点，对我们开展保护工作有着非常重要的意义。中华白海豚游泳时，

背鳍（qí）常常会露出海面，相对比较容易被我们观察和记录，而每头海豚背鳍上的斑点就像人类的指纹一样，是独一无二的。所以保护机构根据每一头中华白海豚背鳍斑点的位置、形状、数量等建立了个体识别库，我们主要靠“背鳍斑点识别”分辨出不同的海豚个体。

这项工作说起来容易，但做起来难。每一张你们的高清照片都是研究人员日晒雨淋辛苦出海拍回来的。毕竟我们人类不能像你们一样在大海里畅游，这些照片来之不易，是我们的珍宝。

随着年龄增长，你们身上的斑点会逐渐减少，皮肤变为灰白色，但剧烈运动后，因皮下血管充血皮肤会呈现粉红色，你们家族的长辈们就是这样的，对吧？

－海象－

我听豚博士说过，其他动物也有类似情况。你听说过生活在北极的海象吗？它们为了抵御北极圈内异常冰冷的海水，长出了厚厚的、可以保暖的皮下脂肪层。当海象逗留在冰冷的海水中时，体内的毛细血管收缩，脂肪层的颜色显露出来，这时海象的皮肤看上去是白色的，就像穿了一件白色的“棉袄”。一旦海象从水里冒出来，又适逢天气转暖，海象的毛细血管便会迅速扩张，皮肤的颜色看上去就会又深又红了。

到了老年期的你们，皮肤只会剩余少量斑点或没有斑点，变成白色，成为名副其实的中华“白”海豚。

整个“诅咒”事件背后的真相就是这样。不得不说，灰星鲨威威的想象力实在太丰富了！哈哈哈……很高兴认识你们，我的梦想就是和许许多多的海洋生物做朋友，你们有了新的故事也一定记得告诉我哦！

你的新朋友科科

2. 遭遇偷鱼贼

科科：

你好！

太感谢你了！原来我们中华白海豚身上的斑点、肤色变化是正常的生长现象，后来妈妈也告诉我了，这下我可以安心地玩球了。

都怪威威这个家伙，好端端的，讲什么关于诅咒的恐怖故事，害得我和萌萌好长一段时间吃不好，睡不好。威威也觉得很不好意思，主动提出来要帮我捉鱼，好让我美餐一顿。

所以，就在前几天，威威来到我们家族生活的水域附近，想帮助我们捕鱼。

捕猎开始不久，我就用威威很羡慕的独门绝技“声波定位”发现了一个鱼群。“哈哈，要有好吃的啦！”我得意地向威威炫耀道。

鱼群看到我们游过来，十分慌张，开始四散逃跑，但都被我和妈妈，还有家族的其他海豚们，分头给堵了回来。鱼群眼看跑不掉了，居然聚集起来形成了一个球。这可把威威乐坏了："哈哈哈，这群鱼是知道自己跑不了了，要主动送进我们嘴里吗？"

但很快就发现，我们被耍了。每当我们发起进攻，鱼群就散开，让我们只咬到了一口海水，等我们的攻击过了，鱼群又聚成一个球。原先我们就盯着一两条鱼追，不用多久总能追上，现在一大群鱼一起游，却一只也捉不住，连我的"声波定位"都失效了。威威在一旁也是瞎帮忙，一会儿追这条，一会儿追那条，但嘴巴前的鱼总是快速闪开，不一会儿他就累得气喘吁吁了。

正当我和威威一筹莫展之际，妈妈笑着说："是时候施展我们中华白海豚的捕鱼技巧了。"

妈妈带着我们开始绕着鱼群转圈，同时用尾巴扬起海底的淤泥。很快，被淤泥遮挡视线的鱼群就慌了，放弃了球状的防御阵型，开始自顾自逃跑，许多鱼还急得跳出了水面。趁着鱼群慌乱的工夫，我们飞快地游到了海面上，伸出头，张开嘴，让跳起的鱼自己落到我们的嘴巴里。

“哇，这招太棒啦！”我一边美餐一边得意。就在这时候，一道黑影从空中掠下，抓住了一条快到我嘴里的鱼，然后“咻”的一声飞走了。“偷鱼贼！”我和威威猛地反应过来，朝着远去的黑影大骂。我们中华白海豚眼睛小，眼神也不好，看不清这只鸟的具体特征，只记得这鸟全身白白的，还戴个“黑眼罩”，贼头贼脑的，萌萌还因为被抢了鱼，一下子气哭了。恼火的是，不知道为什么，我们即使在哭，看上去也好像在微笑似的。

我们居然被一只鸟偷走了战利品，威威觉得这是奇耻大辱，嚷嚷着一定要把这只敢在“海洋霸主”嘴里偷鱼的鸟找出来。科科，你能帮帮我们吗？

希望你天天有鱼吃！

感觉被冒犯到的江江

科科的回信

江江：

展信安。

这是我从豚博士那儿学来的问候语，希望你和萌萌快点消消气，别恼火了。

我们人类的确都很喜欢你们张开嘴微笑的样子，但豚博士和我说过，其实“微笑”是你们海豚面部独特的骨骼构造形成的，与你们的健康或者情绪无关。

能在海上捕鱼的鸟肯定是海鸟，加上你说的小个子、白色身子、还戴个“黑眼罩”，我推测应该是黑枕燕鸥了，眼罩其实是它脸上的黑色羽毛，从两眼的位置一直延伸到后脑勺。

- 黑枕燕鸥 -

黑枕燕鸥喜欢生活在沙滩、珊瑚海滩、岩石海岸等地方，不怎么去内陆。它们会将巢穴建在海岛、海岸岩石以及海滨沙滩上，

它们喜欢吃小鱼，同时也吃甲壳类动物、浮游生物及其他小型海洋生物。

燕鸥是个庞大的海鸟家族，除了黑枕燕鸥外，还有粉红燕鸥、白翅浮鸥等，它们都体形流畅，善于飞行，并且喜欢吃鱼。往往成群行动，多的时候，几百只一起，叽叽喳喳，非常热闹。

与燕鸥相比，另一种海鸟——岩鹭，则喜欢单独行动。

岩鹭的身子是灰蓝色，脚是黄绿色。我有一次跟豚博士在海岛拍摄鸟类照片时，就见过一只正在捕食的岩鹭，它的脖子蜷缩着，驼着背，身子压得低低的，偷偷摸摸接近猎物，然后趁其不备突然进行攻击，一看就是偷袭的高手。岩鹭还是个惯偷，经常去其他海鸟那里偷吃它们带给雏鸟的食物。

－岩鹭－

虽然岩鹭很不讨其他海鸟的喜欢，但数量却稀少，我们人类看到它们时，也会激动不已。

海鸟们都可能经常抢你们的鱼虾吃，自己辛苦围猎、好不容易才得到的美食被它们霸道地抢走，我想，你们肯定很生气，真想抱抱你和萌萌。

我很想帮你们找到避免被海鸟抢夺食物的办法，于是去查了资料，你猜怎么样？资料上居然说：海鸟对于维护珊瑚礁等海洋生态系统的生物多样性非常重要。简单地讲，海鸟的群体越健康，你们中华白海豚生活环境中的食物就越丰富，这样一想，你心里是不是好受一些了？

祝你每天都吃大餐！

你的朋友科科

3. 畅游海洋的大表哥

科科：

展信安！

你看，我也学会了，哈哈！

我最近可开心啦！因为我最崇拜的大表哥——虎鲸奔奔给我来信了，信中分享了它在各个海域旅行时遇到的趣事。

－虎鲸奔奔－

说起我这位大表哥，那可太厉害了！连凶猛的大白鲨都不放在眼里，还能适应各种水温环境，去过炎热的赤道，到过寒冷的北极，能给我讲许许多多的故事，简直是我们大家族的骄傲，也是我的偶像！

奔奔在信里说，有一次它捕猎一个鱼群时，这群鱼在无路可逃的时候，居然像利

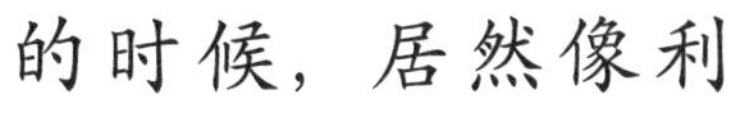

箭一般冲出了海面，在风中张开鱼鳍，像鸟一样滑翔起来，慢慢落回海面后又很快冲天而起，继续滑翔。一个鱼群，几百条鱼就这样忽高忽低地飞翔了很长一段距离，那场面可壮观了。

奔奔还遇到了一条会“钓鱼”的鱼，这条鱼浑身棕色，头很大，嘴巴也很大，身上长着一根奇怪的“钓鱼竿”，鱼竿的前面还有像饵一样的小球，一旦小鱼、小虾被这个饵吸引过去，它就张开全是尖牙的嘴一口将小鱼咬住。

奔奔还遇到一群长着马脸的鱼，它们游泳的时候竖着身体，上下游动，休息的时候就用尾巴卷着海藻。最神奇的是，鱼爸爸们肚子上有个袋子，专门负责养育小宝宝。

科科，我觉得海洋世界好奇妙，也

很想和奔奔一样去各地游玩，见识各种各样神奇的生物。但我曾听妈妈说，我们中华白海豚只会在一个地方生活，我的爷爷奶奶、太爷爷太奶奶一辈子都是在这里度过的，没去过别的地方。

我现在生活的地方离海滩很近，经常看到你们人类开着船捕鱼，我还常常跟在船后面饱餐一顿。这里还连着一条河，因此，海水比较淡。有一次我捉鱼太投入，跑得远了一些，感觉海水都变咸了好多。

我常常在想，我和大表哥是亲戚，我们的本领应该差不多，我以后也要像他那样去海洋里的不同地方玩。

想去各地游玩的江江

江江：

早安！

我早上一到办公室就看到你的信了，真开心！

原来你的大表哥是了不起的虎鲸呀！他信中提到的三种神奇生物：会飞的鱼应该是飞鱼；会钓鱼的鱼我知道有一种叫鮟鱇鱼；长着马脸、会照顾宝宝的“爸爸鱼”来自海龙大家族。其实海洋中还有许许多多神奇的生物，我们人类对它们的了解还很少。

我们都很想探索未知的领域，但你想和虎鲸奔奔一样去海洋各个地方玩可能有点难。虽然你们是近亲，但活动的区域完全不一样，虎鲸几乎分布于所有海洋区域，从赤道到极地水域，海水的温度、深度都不会限制它们的活动范围，连许多封闭或半封闭的海域，像地中海、鄂霍次克海、加利福尼亚湾、墨西哥湾、红海和波斯湾都有它们的足迹呢。

而你们分布的区域主要是江河入海口，属于河口生态系统。我们中国出现中华白海豚较多的海域包括：广西北部湾的合浦沙田和北海三娘湾、广东珠江口、福建厦门、台湾西部沿岸、湛江东岸和海南西部沿岸。我去查阅了豚博士的一份报告，里面详细记录了这些海域里中华白海豚的分布情况。

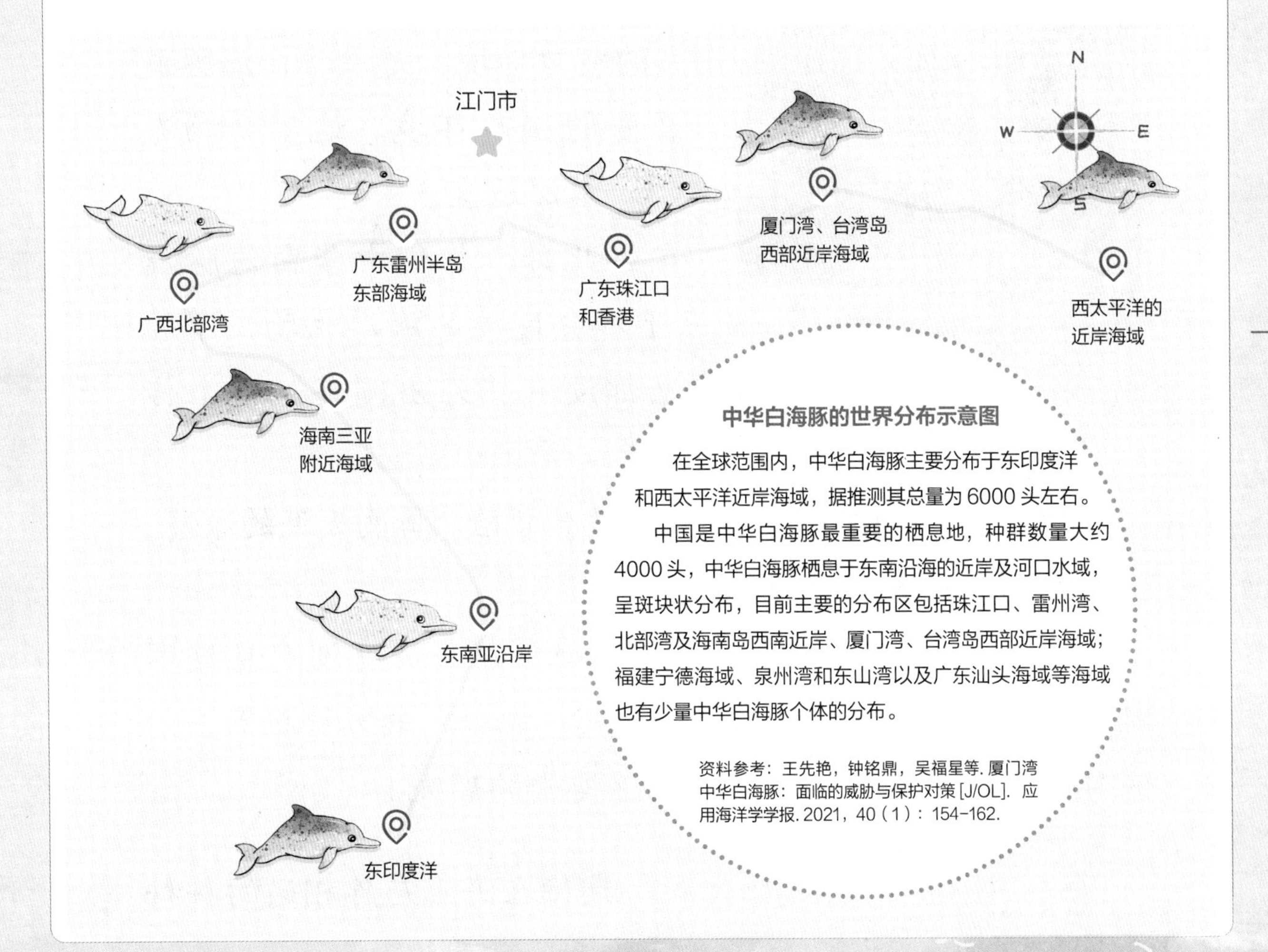

中华白海豚的世界分布示意图

在全球范围内，中华白海豚主要分布于东印度洋和西太平洋近岸海域，据推测其总量为 6000 头左右。

中国是中华白海豚最重要的栖息地，种群数量大约 4000 头，中华白海豚栖息于东南沿海的近岸及河口水域，呈斑块状分布，目前主要的分布区包括珠江口、雷州湾、北部湾及海南岛西南近岸、厦门湾、台湾岛西部近岸海域；福建宁德海域、泉州湾和东山湾以及广东汕头海域等海域也有少量中华白海豚个体的分布。

资料参考：王先艳，钟铭鼎，吴福星等. 厦门湾中华白海豚：面临的威胁与保护对策 [J/OL]. 应用海洋学学报. 2021，40（1）：154-162.

– 河口生态系统 –

我曾很好奇这些海域有什么共同点，吸引了中华白海豚居住。豚博士说："这些海域都存在着水量充沛的淡水河口，咸淡水交界的河口环境，是中华白海豚最喜爱的栖息环境。这里食物充沛，水深适宜。"

此外，你们中华白海豚属于不会迁徙的海洋生物，家族里都没有"外出闯荡"这个传统呢！

所以，江江你可能天生就不适合冒险，勇闯天涯的事情，还是交给你的大表哥虎鲸吧。

最后，你提到在水里见到了捕鱼船，那有没有见过不捕鱼的船呢？上面的人拿着一个叫"相机"的方块机器，如果你见到过，那可能就是我和豚博士的船呢！

期待在海上与你相遇的科科

4. 危险的“水母”

科科：

你好！

好久没给你写信了，但是自从上次你告诉我，要观察不捕鱼的船，我可留心着呢，还特意跃出水面仔细观察上面的人。

你呢？还在做豚博士的助手吗？

我又遇到困难，来麻烦你了。

最近，我吃了一种很讨厌的食物，你知道是什么吗？你肯定猜不到，是水母。在以前，水母虽然不能和大黄鱼那些我爱吃的食物比，但偶尔我也尝一个，也算能下咽，说不上让我讨厌。

可现在，我再也不想看到任何水母了！

几天前，我在捕食一个小鱼群的时候，发现鱼群里混进一只“水母”，当时没有多想，就把“水母”和其他鱼一起，一口吞进肚子里了。

结果过了没多久，倒霉的事情就发生了。我的肚子开始像充满了气一样，胀得很难受。更可怕的是，我对各种鲜美的鱼都没有食欲了，虽然很饿，但就是吃不下东西。两三天后，我已经饿得满眼都是“星星”，全身没有一点儿力气了。

灰星鲨威威来找我玩，被我憔悴的样子吓了一跳，他帮我检查了一遍，也没有找出具体的原因，只能在一旁唉声叹气。

这样的状态，一直持续到我拉了一次“粑粑”。这是我出生以来，拉得最困难的一次。我惊讶地发现那只“水母”，居然在粑粑里。更让我惊讶的是，这只“水母”，居然一点变化都没有，吃进去前什么样子，拉出来还是什么样子，真是太让我惊讶了！

好在拉出来之后，我的肚子很快就不难受了，随着胃口慢慢恢复，体力也逐渐恢复正常，我又能和威威一起玩耍了。但我们一直没有忘记那只讨厌的“水母”，都很好奇它是从哪里来的。

我们去找了另一个好朋友，

绿海龟贝贝，他特别喜欢吃水母，我和威威想告诉他这件事，让他别再吃了。

– 绿海龟贝贝 –

贝贝听了我的事情后，十分后怕，他平时说话慢吞吞的，这时一个劲儿地说我运气好。因为他有几个兄弟也遇到过这种“水母”，吃了以后就肚子难受，吃不下其他食物，一直没好起来。

贝贝还告诉我，这种“水母”是近年来突然出现的，它的爸爸妈妈、爷爷奶奶都没有吃过这种“水母”，他们也不知道这种“水母”是从哪里来的。

为了避免再吃到这种“水母”，海龟家族做了大量的研究，终于发现这种危险的“水母”一般是没有气味的，所以现在他们吃水母前都先仔细闻一闻，确定是有鱼虾香气的水母才吃。

科科，你知道这种危险的“水母”是哪里来的吗？

祝你肠胃通畅！

刚刚恢复食欲的江江

亲爱的江江：

听到你的遭遇，我很难受。

抱抱大病初愈的你！

这么久没有收到你的来信，我还以为你忘了我这个人类朋友呢！

我知道你说的危险“水母”是什么，它其实不是水母，而是人类制造的塑料袋。塑料袋原本就不属于海洋世界，也不属于陆地，更不属于天空，它们是人类制造的一种很难被自然世界分解的东西。

有些透明的塑料袋进入海里会随着海水轻轻漂动，就像一只只水母。好多海洋动物的视力都不好，很难分辨哪只是真水母，哪只是假水母，所以海龟、鲸鱼、海豚经常误食。大自然都很难分解的塑料袋，

海洋生物更加没有办法消化了。吃了这些假“水母”的海龟、鲸鱼、海豚就有可能肠胃被堵住，有的没法再吃东西，非常痛苦。

曾经有渔民在岸边发现过一只因搁浅而死亡的中华白海豚。为了找出原因，豚博士带着我对中华白海豚进行了解剖，结果在肚子里发现了多个塑料袋。这让我们非常愤怒，也感到很愧疚。是人类没有妥善处理塑料垃圾的不负责任行为，导致这只中华白海豚遭遇不幸。我也是从那时候开始，决定减少使用塑料制品，更加不会往海里扔。同时也决定一直留在保护区学习，将来更好地保护中华白海豚。

绿海龟贝贝说得没错，江江你很幸运，通过拉粑粑的方式把“水母”排出体外，恢复了健康，这是我这段时间

听到的最好的消息了，希望所有的海洋生物都能有这样的好运气。

贝贝通过鱼虾香气辨别真假“水母”的方法，我也咨询了豚博士。非常遗憾，这种方法不一定好用。虽然刚丢入海洋的塑料袋是没有味道的，但一段时间后，海洋中的微生物、藻类、水生植物和小动物就会附着到塑料袋上，这些生物在塑料袋上生活、繁殖，塑料袋也会散发出鱼虾的“香气”，海洋生物仍然会误食。

好在这些年通过垃圾分类减量和回收的宣传，许多人都知道塑料袋会危害海洋生物，往海洋里乱丢塑料袋的行为也减少了，希望我们的努力能让你们生活得更好。

祝你胃口大开，恢复强壮！

惭愧的科科

5. 伤害与救援

科科：

我最近很难过，自从知道危险的“水母”其实是人类制造的塑料袋后，我的同伴们就都很讨厌人类，他们觉得人类破坏了海洋的环境，使得大家身边充满了危险。

除了“水母”外，同伴们还述说了很多人类做过的坏事。

威威说，他的同伴曾被一张废弃的渔网缠住过，差点不能游动，费了好大的力气才把渔网甩掉，但身上很多皮肤还是被割破了，疼了好久。

连一向好脾气的贝贝也愤怒地说，他有个表兄弟族群的海龟叫玳瑁，因为龟壳半透明、龟背花纹非常漂亮被人类捉走了很多，

再也没有回来。听说这只是因为人类迷恋玳瑁龟壳美丽的花纹和色彩，原来美丽也会招来祸事。

说实话，我也不太喜欢人类，自从人类在海洋的活动越来越多后，我们的生活就受到了很多糟糕的影响，但我认识的唯一的人类，也就是你——科科，我却很喜欢。

记得小时候，我那会儿还没有独立捕鱼的能力，必须跟妈妈一起生活。有一次我在海里玩耍，突然有一艘船“嗖”地窜了出来，我完全吓傻了，妈妈看我来不及躲闪，在危险的瞬间，用头把我顶到一边。我虽然逃过一劫，妈妈的背鳍却被船底那个转得飞快的螺旋桨割到了。

背鳍受伤后，妈妈无法很好地保持平衡。我们海豚无法在水里憋气太久，为了呼吸，我傻乎乎地顶着妈妈游到了岸边，害得妈妈搁浅在沙滩上。当时是中午，太阳很大，高温烤得我们头晕眼花，看着妈妈一点点虚弱下去，我却一

点儿办法都没有，我不知道怎么能让妈妈好起来，心里充满了自责和害怕，要是我当时没那么贪玩，早点避开那艘船就好了。

我在水里正着急的时候，远远看到岸上来了一群人，围着妈妈一边看，一边说着什么。我虽然害怕，也努力朝他们露出凶狠的表情，用力拍打海水，希望能吓走他们。但他们并不怕我，还朝我指指点点。这群人不停地往妈妈身上泼水，还撑着伞为妈妈遮阳，看得出来他们正在帮助妈妈。慢慢地，妈妈的精神恢复了一些，后来，一个看起来是带头的人摇了摇头，说了什么，那群人就用一块很大的布，包裹着把妈妈带走了。

不知道为什么，我觉得这群人是在帮助妈妈的，但我还是无比担心和想念妈妈，每天都游到离岸边不远的地方四处张望。过了好些天，我真的等来了妈妈！正是带走妈妈的那群人又把她送了回来，我发现妈妈背鳍上的伤已经长出了新肉，更棒的是，妈妈可以自己游泳了！妈妈告诉我，人类把她带走后，有许多人轮流照顾她，每天都有人为她治疗伤口，所以她才会恢复得那么快。

从那次之后，我相信人类中也有关心爱护我们的好人，我把这个故事也告诉了海洋里的其他动物。

听了我的故事后，威威和贝贝都没有那么讨厌人类了，相信他们以后也会像我一样，愿意和像你一样的人类做朋友吧。

你的中华白海豚好朋友江江

亲爱的江江：

读你的信时，我的心都揪成了一团，甚至都不敢想象，你和妈妈是怎么熬过来的，那些等待妈妈的日子一定非常煎熬，真希望我当时也能参与对你妈妈的救助，这样我就可以每天写信向你汇报妈妈的伤情，让你放心。

谢谢你在经历过人类的巨大伤害后，还愿意选择信任我们。

说起来，救助受伤的鲸豚类海洋动物，正是我的工作之一，我曾跟豚博士一起，成功救援过一头搁浅的中华白海豚，我们都叫她沙沙。

那天，搁浅在沙滩上的沙沙被路人发现之后，我和豚博士一起赶到现场，把她运送到救助基地进行救助。当时沙沙的肚子和尾巴都有很明显的伤痕，身体已经虚弱到无法自主呼吸。

豚博士和医生们对沙沙进行了全面的检查，虽然他们对救助成功也没有把握，但大家都觉得要尽最大努力试一试。

这个时候的沙沙已经不能很好地维持漂浮状态了，并且因为伤口在水中不能很好地恢复，损伤面积越来越大，沙沙也变得很虚弱。如果沉到水里，沙沙就会因为无法呼吸危及生命，根本无法进行后面的治疗。

为了帮助虚弱的沙沙，救助团队的成员轮流跳进水里，用长毛巾拖住沙沙的腹部，帮助沙沙慢慢移动，这样一直持续了一整个晚上。

沙沙感受到我们对她的帮助，慢慢地信任了我们，吃了一些东西后，沙沙的身体状况开始好转，可以勉强自己维持漂浮状态。

这时候，我们整个救助团队都已经非常累了，大家决定回去休息一会儿，但豚博士和我还是选择留下来，以防万一。

我们的这个决定改变了沙沙的命运，大家离开不久后，情况有所好转的沙沙突然失去了力气，翻身栽倒，慢慢往水底沉下去。

发现这个情况后，豚博士和我急忙又跳进水中，一把抱住沙沙，帮助她翻过身来，陪她度过了生命中最危险、最脆弱的时刻。

令人欣喜的是，经过一段时间的治疗和护理，沙沙终

于全面康复，被救援团队送回了海里。

其实我们也没有做太多，只是协助，主要还是顽强的生存意志力使沙沙活了下来。

豚博士和我说过，他很高兴，能给受伤的海洋生物带来希望，但同时也很遗憾，看到人类活动给海洋生物带来的伤害。希望救助团队能派上用场的机会越来越少，那样就证明海洋生物的生活环境更好了，人类和动物相处得也更和谐了。

祝你和家人平平安安！

你的人类好朋友科科

6. 朋友圈憋气大赛

科科：

你好呀！

谢谢你们救了沙沙！我就知道，你和豚博士都是值得信赖的好人！

最近，灰星鲨威威打着增进友谊的旗号，搞了个新活动——朋友圈憋气大赛，邀请各大海洋生物比一比，看谁能在水里憋气时间最久。

我、绿海龟贝贝以及生活在红树林的欧亚水獭（tǎ）台台受邀参加了比赛，还有乌贼喷喷也来了。我好奇地问："你来参加比赛不怕被我们吃掉吗？"他哭丧着脸说："我哪里想来呀，我是外出游玩的时候，被威威逮住了，硬要我来参加憋气比赛，说

鱼多了才热闹，我要是不答应，他就要把我吃掉……”威威可真霸道！

比赛正式开始，大家一起深吸了一口气，都想拿下第一名。6分钟过去了，台台第一个放弃，他游出水面大口喘了好一会儿气，才坐在礁石上给我们鼓掌打气。

我是第二个放弃的。10分钟左右，我的脑袋就感觉越来越沉，连忙浮出水面大口大口地呼吸——能够自由呼吸的感觉真好。这时，贝贝也从水下探出了头。

剩下威威和喷喷还在比赛。我们等啊等，一直等到太阳落山，它们都没有分出结果。这时候，威威狠狠地瞪了喷喷一眼，喷喷立马说：“我认输，我认输。”然后一边喷墨汁一边飞快地消失在浑浊的海水中。

威威高兴地游了几圈，大声地说：“朋友们，我是第一名，是冠——军！”

我们都祝贺他，表示要以他为榜样，多多锻炼自己。感受到我们的敬佩，威威脸上笑出了一朵花。

可不知道为啥，我总觉得这比赛哪里怪怪的，科科你说呢？

祝科科也能锻炼成憋气大王！

憋着一口气的江江

江江：

你好！

你们的比赛真的是，嗯，太好笑了！你们都被灰星鲨威威给骗了。

-灰星鲨-

灰星鲨威威是鱼类，鱼类用鳃呼吸，鳃能从水里吸取氧气，别说几个小时，他在水里待一辈子都没问题，你们认识那么久，你见过他浮出水面换气吗？

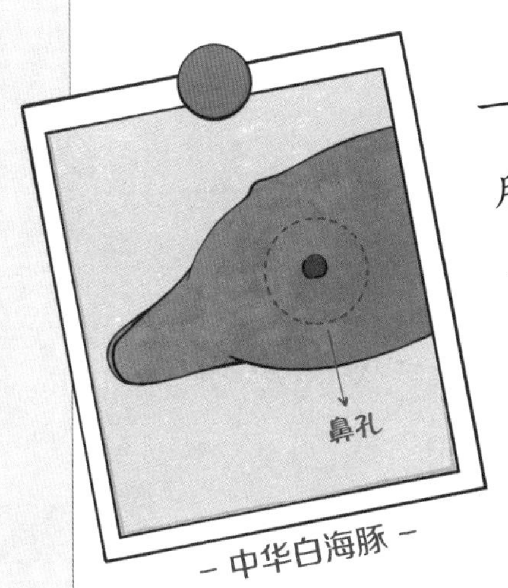

– 中华白海豚 –

你和水獭台台属于哺乳动物，和我们人类一样是用肺呼吸的。肺是从空气中吸取氧气的，所以你们要经常浮出水面呼吸空气。一般来说，我们哺乳动物的鼻孔是长在脸上的，你看台台的两个大鼻孔就长在前面，但你们中华白海豚的祖先为了适应海洋环境，在漫长的进化过程中，鼻孔长到了头顶上。

至于绿海龟贝贝，既不是鱼类，也不是哺乳动物类，而是爬行动物类，是用肺呼吸的。并且，海龟与陆地上和淡水里的龟也很不一样。他们不仅不能把头和四肢缩回龟壳里，并且也不冬眠，而是随着海洋的温度迁徙洄游，总是在温暖的地方生活。需要冬眠的淡水龟有一个特别厉害的呼吸方式——用“屁股”呼吸。在他们的屁股里，有一个叫作“肛囊”

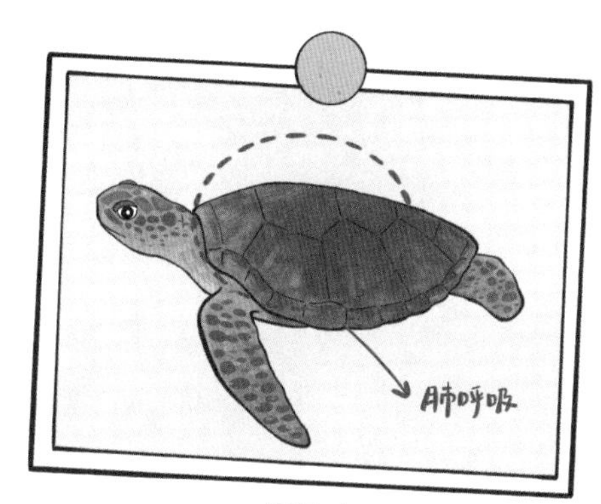

– 绿海龟 –

的器官，可以让他们从水中获得氧气。

至于乌贼喷喷，他是软体动物类，虽然不是鱼类，但也是用鳃呼吸的，因此也可以一辈子待在水里。乌贼喷喷明显就是威威找的“演员”，俩人一起表演了一场激烈争夺第一的大戏。

但看得出来，你们都玩得既紧张又开心啊！说起来你们还得感谢威威这个大戏精导演呢！

期待你们下一次精彩的游戏！

只能在水里憋气 60 秒的科科

7. 江江的大家族

亲爱的科科：

展信安！

最近，我收到很多家族兄弟姐妹的“音讯”，大家用声波相互问候，通报各自的情况。

布氏鲸还是那么能吃，他的嘴巴能张开成近乎 90 度，一口一个小鱼群，真不愧是我们大家族里的“干饭王”。

江豚弟弟是个小调皮，他还是喜欢经常追人类的大船，在船后的浪花中起起伏伏。他是我们大家族中少数没有背鳍的成员，圆乎乎的特别逗。

怎么样，我们的鲸豚大家族成员都很有趣吧！

不过这次，没能收到大家族最迷人的小公主——白鳖豚*的消息。我从家族中长辈的口中听说过，白鳖豚很漂亮，嘴巴又细又长，还微微上翘，配上又圆又光滑的脑袋，太讨“豚”喜爱了！也不知道什么时候才能再收到白鳖豚的消息呢？

*“鳖”的繁体字为“鱀”，在自然保护及相关科学研究中通常沿用“鱀”，如湖北长江天鹅洲白鱀豚国家级自然保护区

科科，不知道你还记得自己小时候的事情吗？我现在还清楚地记得，自己刚出生时候的事儿。刚刚出生的时候，我还不太会游泳，妈妈为了让我呼吸到空气，就用嘴巴和胸鳍轻轻地顶着我，让我很容易就能浮出水面，我就在那样的状态下，摇摇晃晃地学会了游泳。

我们有些海豚家族有不好的传统，有些爸爸从来不参与家庭的生活，海豚宝宝从小跟着妈妈，没有见过爸爸，也不知道爸爸是谁，更别提叔叔、伯伯了。等到雄性宝宝长大了，又会离开家庭，还会和其他雄性海豚结成“单身汉”群。

我有时候想不通，为什么他们要和妈妈分开呢？但是当我看了家族兄弟姐妹的来信，我又心驰神往，想去看看

外面精彩的大世界。科科，我已经5岁了，身上的斑越来越多，也学会了独立捉鱼吃，是一只大海豚了。

我想尝试自己游出去，独立生活，但是既舍不得妈妈，又担心自己不能照顾好自己。所以写信来问问你的意见。

祝你家庭和睦！

向往探索大世界的江江

江江：

展信安！

好久没收到你的来信，还真牵挂呢！时间过得好快呀，你都已经长成小伙子了！

的确，妈妈们都是很伟大的。关于你问我自己能不能独立出去生活的问题。我很慎重地去查了资料，但是很遗憾，研究人员对于中华白海豚的家庭和社会关系，现在研究得还不够，我无法回答你。

因为我们人类无法通过眼睛在水中观察到你们的性别。能看到生活在一起的一群海豚，分辨不出来是不是都是雄性。所以也不知道，中华白海豚会不会像其他海豚一样，有单身汉群。

你虽然已经可以独立捕鱼了，但是要不要离开你要多观察，也可以听听妈妈的意见。

你舍不得妈妈，我很能感同身受。你可能还不知道妈妈生你的时候有多辛苦，你们中华白海豚的怀孕期很长，和我们人类一样有将近 10 个月。你出生的时候，先从妈妈肚子里出来的是你的尾巴，这种出生方式在哺乳动物当中可是非常少见的，为的是减少你淹没在海水中的时间。等你整个出来了，妈妈立马得拖着疲惫的身子，把你“举”出水面，帮助你完成生命中的第一次呼吸。

你的兄弟姐妹真的很有趣呀！我们中国一共有 39 种鲸豚类，但多数都在离陆地很遥远的深海，人类平时很难遇到。除了你们中华白海豚外，我们主要研究的就是你信中提到的白鳖豚、长江江豚和布氏鲸。

布氏鲸作为一种大型鲸鱼，数量很少，十分神秘。据豚博士说，他几年前在广西的涠洲岛拍到过布氏鲸张大嘴吃鱼的照片，可把我羡慕坏了。哎，不知道他什么时候能带我也过去看看，据说岛上风景可美了。

– 布氏鲸 –

白鳖豚已经在地球上生活了大约 2500 万年，这历史长得我都无法想象，那会儿地球上甚至还没有人类，所以我们称白鳖豚为“活化石”。

－白鱀豚－

由于数量极少，白鱀豚已被列为国家一级重点保护野生动物。令人心痛的是，在正式发表的科学文献中，最后一次确认见到野外的白鱀豚是1999年11月3日，再后来就是一些口耳相传的听说和不能考证虚实的报道了。以后，不知道你还能不能收到他们的讯息，如果收到了，请一定要告诉我呀！

长江江豚生长在我们中国人的母亲河——长江里，也是这4种鲸豚类中知名度最高的。最近几年，长江江豚的数量不断上升，我曾在南京的鼓楼滨江风光带、鱼嘴公园等地方，近距离看到过可爱的江豚在水中嬉戏。

－长江江豚－

希望鲸豚大家族越来越兴旺。

祝江江尽快有自己的小家庭！

也盼望收到白鱀豚消息的科科

图书在版编目（CIP）数据

白海豚的神秘来信. 1 / 彭耐等编著; 梁伯乔，施倩倩绘图. -- 北京: 中国林业出版社, 2023.10

（中华白海豚科普故事）

ISBN 978-7-5219-2361-2

Ⅰ. ①白…　Ⅱ. ①彭…②梁…③施…　Ⅲ. ①海豚-普及读物　Ⅳ. ①Q959.841-49

中国国家版本馆CIP数据核字(2023)第184707号

策划编辑：何　蕊

责任编辑：何　蕊　李　静

宣传营销：杨小红　蔡波妮　刘冠群

版式设计：柴鉴云

支持单位：广东江门中华白海豚省级自然保护区管理处

出版发行：中国林业出版社

（100009，北京市西城区刘海胡同 7 号，电话 010-83143666）

电子邮箱：cfphzbs@163.com

网址：www.forestry.gov.cn/lycb.html

印刷：河北京平诚乾印刷有限公司

版次：2023 年 10 月第 1 版

印次：2023 年 10 月第 1 次

开本：889mm×1194mm　1/20

印张：7

字数：90 千字

定价：84.00 元（全三册）